1 数のとらえ方①

JN000760

■ 量をイメージしながらかけ算やわり算の本質をトレーニングしましょう。

ここでのキーワードは数量の「イメージ」です。

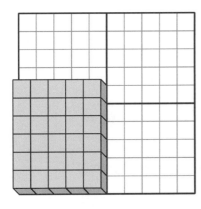

例

① 6が5個で30

② 5が6個で30

③ 30の中に5は6個ある。

④ 30を5つのグループに等しく分けると1つのグループは6である。

⑤ 30の中に6は5個ある。

⑥ 30を6つのグループに等しく分けると1つのグループは5である。

上のように，量をイメージしてたし算やひき算を使って考えましょう。

かけ算は暗記する前に，しっかりと量をイメージしてトレーニングすることで，数量のセンス育成ができます。

●保護者の方へ：数を量としてイメージするトレーニングです。

〔　　月　　日〕

2 数のとらえ方 ②

■　量をイメージしながらかけ算やわり算の本質をトレーニングしましょう。

ここでのキーワードは数量の「イメージ」です。

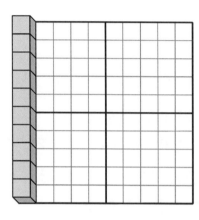

例

① 　10 が 1 個で 10

② 　1 が 10 個で 10

③ 　10 の中に 1 は 10 個ある。

④ 　10 を 1 つのグループに等しく分けると 1 つのグループは 10 である。

⑤ 　10 の中に 10 は 1 個ある。

⑥ 　10 を 10 個のグループに等しく分けると 1 つのグループは 1 である。

上のように，量をイメージしてたし算やひき算を使って考えましょう。

かけ算は暗記する前に，しっかりと量をイメージしてトレーニングすることで，数量のセンス育成ができます。

3 数のとらえ方 ③

■ 量をイメージしてとらえましょう。

（1）

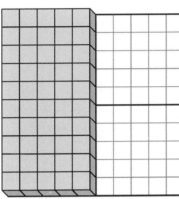

① 10 が 5 個で □

② 5 が 10 個で □

③ 50 の中に 5 は □ 個ある。

④ 50 を 5 のグループに等しく分

けると1つのグループは □ である。

⑤ 50 の中に 10 は □ 個ある。

⑥ 50 を 10 のグループに等しく分

けると1つのグループは □ である。

（2）

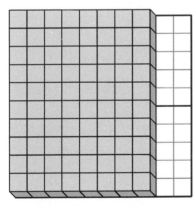

① 10 が 8 個で □

② 8 が 10 個で □

③ 80 の中に 8 は □ 個ある。

④ 80 を 8 のグループに等しく分

けると1つのグループは □ である。

⑤ 80 の中に 10 は □ 個ある。

⑥ 80 を 10 のグループに等しく分

けると1つのグループは □ である。

●保護者の方へ：数を量としてイメージするトレーニングです。

〔　　月　　日〕

4 数のとらえ方 ④

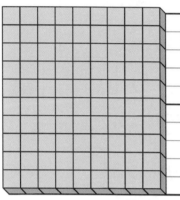

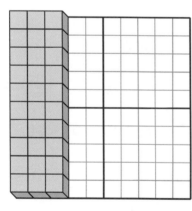

じっくりとりくみ
ましょう

分　　秒

■ 量をイメージしてとらえましょう。

（1）

① 10 が 9 個で □

② 9 が 10 個で □

③ 90 の中に 9 は □ 個ある。

④ 90 を 9 のグループに等しく分

けると1つのグループは □ である。

⑤ 90 の中に 10 は □ 個ある。

⑥ 90 を 10 のグループに等しく分

けると1つのグループは □ である。

（2）

① 10 が 3 個で □

② 3 が 10 個で □

③ 30 の中に 3 は □ 個ある。

④ 30 を 3 のグループに等しく分

けると1つのグループは □ である。

⑤ 30 の中に 10 は □ 個ある。

⑥ 30 を 10 のグループに等しく分

けると1つのグループは □ である。

●保護者の方へ：数を量としてイメージするトレーニングです。

〔 　月　　日〕

5 数のとらえ方 ⑤

■ 量をイメージしてとらえましょう。

（1）

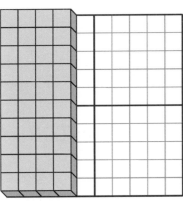

① 10 が 4 個で ☐

② 4 が 10 個で ☐

③ 40 の中に 4 は ☐ 個ある。

④ 40 を 4 のグループに等しく分

けると1つのグループは ☐ である。

⑤ 40 の中に 10 は ☐ 個ある。

⑥ 40 を 10 のグループに等しく分

けると1つのグループは ☐ である。

（2）

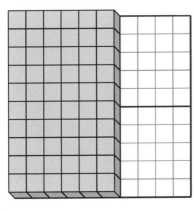

① 10 が 6 個で ☐

② 6 が 10 個で ☐

③ 60 の中に 6 は ☐ 個ある。

④ 60 を 6 のグループに等しく分

けると1つのグループは ☐ である。

⑤ 60 の中に 10 は ☐ 個ある。

⑥ 60 を 10 のグループに等しく分

けると1つのグループは ☐ である。

●保護者の方へ：数を量としてイメージするトレーニングです。

〔　　月　　日〕

6 数のとらえ方 ⑥

■ 量をイメージしてとらえましょう。

（1）

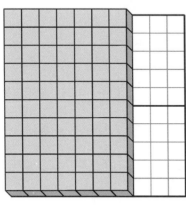

① 10 が 7 個で ☐

② 7 が 10 個で ☐

③ 70 の中に 7 は ☐ 個ある。

④ 70 を 7 のグループに等しく分

けると1つのグループは ☐ である。

⑤ 70 の中に 10 は ☐ 個ある。

⑥ 70 を 10 のグループに等しく分

けると1つのグループは ☐ である。

（2）

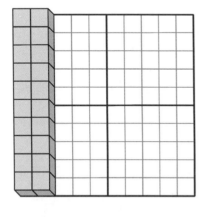

① 10 が 2 個で ☐

② 2 が 10 個で ☐

③ 20 の中に 2 は ☐ 個ある。

④ 20 を 2 のグループに等しく分

けると1つのグループは ☐ である。

⑤ 20 の中に 10 は ☐ 個ある。

⑥ 20 を 10 のグループに等しく分

けると1つのグループは ☐ である。

●保護者の方へ：数を量としてイメージするトレーニングです。

7 数のとらえ方 ⑦

■ 量をイメージしてとらえましょう。

（1）

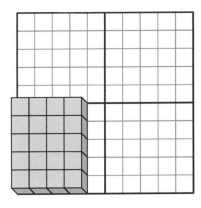

① 5 が 4 個で □

② 4 が 5 個で □

③ 20 の中に 5 は □ 個ある。

④ 20 を 5 のグループに等しく分

けると1つのグループは □ である。

⑤ 20 の中に 4 は □ 個ある。

⑥ 20 を 4 のグループに等しく分

けると1つのグループは □ である。

（2）

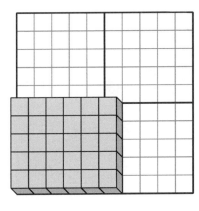

① 5 が 6 個で □

② 6 が 5 個で □

③ 30 の中に 5 は □ 個ある。

④ 30 を 5 のグループに等しく分

けると1つのグループは □ である。

⑤ 30 の中に 6 は □ 個ある。

⑥ 30 を 6 のグループに等しく分

けると1つのグループは □ である。

●保護者の方へ：数を量としてイメージするトレーニングです。

8 数のとらえ方 ⑧

■ 量をイメージしてとらえましょう。

（1）

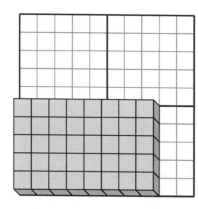

① ⎡5⎤ が ⎡8⎤ 個で ⎡　⎤

② ⎡8⎤ が ⎡5⎤ 個で ⎡　⎤

③ ⎡40⎤ の中に ⎡5⎤ は ⎡　⎤ 個ある。

④ ⎡40⎤ を ⎡5⎤ のグループに等しく分

けると1つのグループは ⎡　⎤ である。

⑤ ⎡40⎤ の中に ⎡8⎤ は ⎡　⎤ 個ある。

⑥ ⎡40⎤ を ⎡8⎤ のグループに等しく分

けると1つのグループは ⎡　⎤ である。

（2）

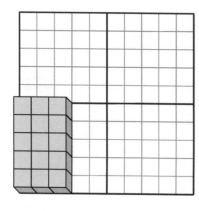

① ⎡5⎤ が ⎡3⎤ 個で ⎡　⎤

② ⎡3⎤ が ⎡5⎤ 個で ⎡　⎤

③ ⎡15⎤ の中に ⎡5⎤ は ⎡　⎤ 個ある。

④ ⎡15⎤ を ⎡5⎤ のグループに等しく分

けると1つのグループは ⎡　⎤ である。

⑤ ⎡15⎤ の中に ⎡3⎤ は ⎡　⎤ 個ある。

⑥ ⎡15⎤ を ⎡3⎤ のグループに等しく分

けると1つのグループは ⎡　⎤ である。

●保護者の方へ：数を量としてイメージするトレーニングです。

9 数のとらえ方 ⑨

■ 量をイメージしてとらえましょう。

（1）

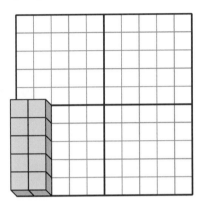

① 5 が 2 個で ▢

② 2 が 5 個で ▢

③ 10 の中に 5 は ▢ 個ある。

④ 10 を 5 のグループに等しく分

けると1つのグループは ▢ である。

⑤ 10 の中に 2 は ▢ 個ある。

⑥ 10 を 2 のグループに等しく分

けると1つのグループは ▢ である。

（2）

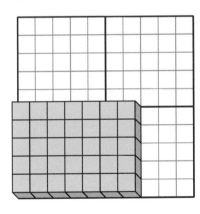

① 5 が 7 個で ▢

② 7 が 5 個で ▢

③ 35 の中に 5 は ▢ 個ある。

④ 35 を 5 のグループに等しく分

けると1つのグループは ▢ である。

⑤ 35 の中に 7 は ▢ 個ある。

⑥ 35 を 7 のグループに等しく分

けると1つのグループは ▢ である。

●保護者の方へ：数を量としてイメージするトレーニングです。

〔　　月　　日〕

10 数のとらえ方 ⑩

■ 量をイメージしてとらえましょう。

（1）

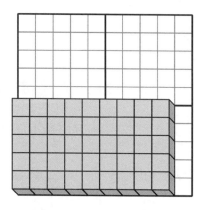

① 5 が 9 個で ☐

② 9 が 5 個で ☐

③ 45 の中に 5 は ☐ 個ある。

④ 45 を 5 のグループに等しく分

けると1つのグループは ☐ である。

⑤ 45 の中に 9 は ☐ 個ある。

⑥ 45 を 9 のグループに等しく分

けると1つのグループは ☐ である。

（2）

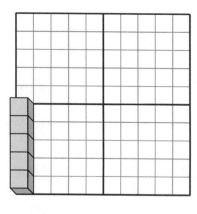

① 5 が 1 個で ☐

② 1 が 5 個で ☐

③ 5 の中に 5 は ☐ 個ある。

④ 5 を 5 のグループに等しく分

けると1つのグループは ☐ である。

⑤ 5 の中に 1 は ☐ 個ある。

⑥ 5 を 1 のグループに等しく分

けると1つのグループは ☐ である。

●保護者の方へ：数を量としてイメージするトレーニングです。

11 分数感覚Ⅰ

ぶんすうかんかく

目標時間は10分

分　　秒

Q 次の問いに答えましょう。

なお，すべて頭の中で考えましょう。（計算もできるだけ暗算でしましょう。）

答えをまちがえた場合やわからない場合のみ，図やメモをかいて考えましょう。

（1）□を分数で表すといくつですか。

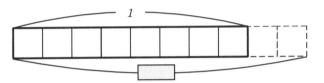

（2）□を分数で表すといくつですか。

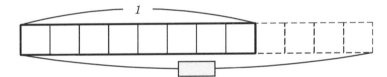

（3）□を分数で表すといくつですか。

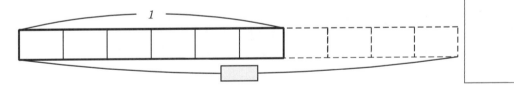

（4）□を分数で表すといくつですか。

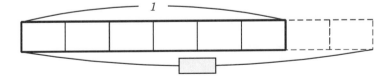

●保護者の方へ：分数をイメージでつかむトレーニングです。

12 分数感覚 I

ぶんすうかんかく

目標時間は10分

分　　秒

Q 次の問いに答えましょう。

なお，すべて頭の中で考えましょう。（計算もできるだけ暗算でしましょう。）
答えをまちがえた場合やわからない場合のみ，図やメモをかいて考えましょう。

（1）　☐を分数で表すといくつですか。

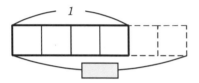

（2）　☐を分数で表すといくつですか。

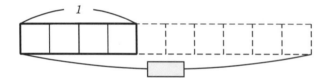

（3）　☐を分数で表すといくつですか。

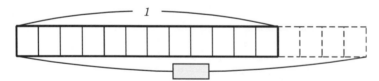

（4）　☐を分数で表すといくつですか。

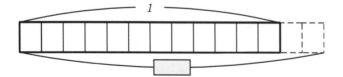

●保護者の方へ：分数をイメージでつかむトレーニングです。

13 分数感覚Ⅱ

ぶんすうかんかく

目標時間は10分

分　秒

Q 次の問いに答えましょう。
なお，すべて頭の中で考えましょう。（計算もできるだけ暗算でしましょう。）
答えをまちがえた場合やわからない場合のみ，図やメモをかいて考えましょう。

（1）　下のAとBをたすといくつになりますか。

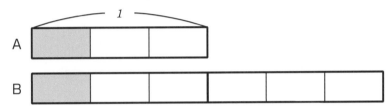

（2）　下のAとBをたすといくつになりますか。

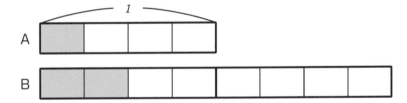

（3）　下のAとBをたすといくつになりますか。

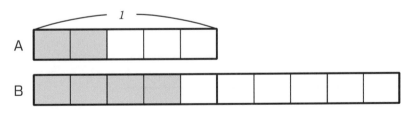

●保護者の方へ：分数をイメージでつかむトレーニングです。

14 分数感覚Ⅱ

ぶんすうかんかく

Q 次の問いに答えましょう。
なお，すべて頭の中で考えましょう。（計算もできるだけ暗算でしましょう。）
答えをまちがえた場合やわからない場合のみ，図やメモをかいて考えましょう。

（1）下のAとBをたすといくつになりますか。

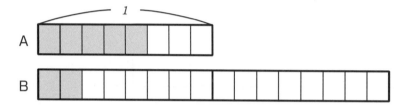

（2）下のAとBをたすといくつになりますか。

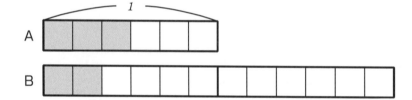

（3）下のAとBをたすといくつになりますか。

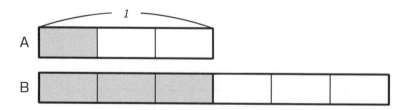

●保護者の方へ：分数をイメージでつかむトレーニングです。

15 数量感覚 I

Q 次の問いに答えましょう。

なお，すべて頭の中で考えましょう。（計算もできるだけ暗算でしましょう。）
答えをまちがえた場合やわからない場合のみ，図やメモをかいて考えましょう。

（1）　A くんは，前から 10 番目で，後ろから4番目です。全部で何人いますか。

□ 人

（2）　8月3日から8月 31 日までは何日間ですか。

□ 日間

（3）　A くんは，前から5番目で全体の人数は 80 人です。後ろからは何番目ですか。

□ 番目

（4）　9月8日は8月9日の何日後ですか。

□ 日後

（5）　大きな木を1列に 14 本植え，木と木の間に小さな花を1本ずつ植えました。花は全部で何本植えましたか。

□ 本

（6）　100 g あたり 50 円のお肉を 200g 買うといくらですか。

□ 円

●保護者の方へ：数を量としてイメージするトレーニングです。

16 数量感覚 I

すうりょうかんかく

目標時間は10分

分　　秒

Q 次の問いに答えましょう。

なお，すべて頭の中で考えましょう。（計算もできるだけ暗算でしましょう。）
答えをまちがえた場合やわからない場合のみ，図やメモをかいて考えましょう。

(1) A くんは，前から 12 番目で，後ろから 6 番目です。全部で何人いますか。

人

(2) 9月2日から9月 14 日までは何日間ですか。

日間

(3) A くんは，前から 8 番目で全体の人数は 62 人です。後ろからは何番目ですか。

番目

(4) 10 月 15 日は9月 16 日の何日後ですか。

日後

(5) 大きな木を1列に 24 本植え，木と木の間に小さな花を2本ずつ植えました。花は全部で何本植えましたか。

本

(6) 100 g あたり 200 円のお肉を 200g 買うといくらですか。

円

●保護者の方へ：数を量としてイメージするトレーニングです。

〔　　月　　日〕

17 数の分解

目標時間は10分

分　　秒

Q □にあてはまる数をかきましょう。

(1)　64 = □ × □ × □ × □ × □ × □

(2)　72 = □ × □ × □ × □ × □

(3) 108 = □ × □ × □ × □

(4) 144 = □ × □ × □ × □ × □ × □

(5) 180 = □ × □ × □ × □ × □

●保護者の方へ：量をイメージしながらかけ算をするトレーニングです。

〔　　月　　日〕

18 数の分解

目標時間は10分

分　　秒

Q □にあてはまる数をかきましょう。

(1) 360 = □ × □ × □ × □ × □ × □

(2) 270 = □ × □ × □ × □ × □

(3) 243 = □ × □ × □ × □ × □

(4) 375 = □ × □ × □ × □

(5) 216 = □ × □ × □ × □ × □ × □

●保護者の方へ：量をイメージしながらかけ算をするトレーニングです。

〔　　月　　日〕

19 最大公約数

目標時間は10分

分　　秒

Q A　次の数の最大公約数をそれぞれ暗算で求めなさい。
（わからない場合は，それぞれの約数をかき出して考えなさい。）

（1）36 と 32 と 48

（2）28 と 40 と 60

（3）40 と 60 と 35

（4）54 と 42 と 48

Q B　次の数の最大公約数をそれぞれ暗算で求めなさい。
（わからない場合は，それぞれの約数をかき出して考えなさい。）

（1）52 と 78

（2）52 と 104

●保護者の方へ：公約数を量としてイメージするトレーニングです。

20 最大公約数
さいだいこうやくすう

目標時間は10分

分　　秒

Q A　次の数の最大公約数をそれぞれ暗算で求めなさい。
つぎ　かず　さいだいこうやくすう　　　　　　　　あんざん
　（わからない場合は，それぞれの約数をかき出して考えなさ
　　　　　　　ばあい　　　　　　　やくすう　　だ　　　かんが
　い。）

（1）72 と 48 と 78

（2）63 と 56 と 84

（3）42 と 63 と 70

（4）64 と 56 と 72

Q B　次の数の最大公約数をそれぞれ暗算で求めなさい。
つぎ　かず　さいだいこうやくすう　　　　　　　　あんざん
　（わからない場合は，それぞれの約数をかき出して考えなさ
　　　　　　　ばあい　　　　　　　やくすう　　だ　　　かんが
　い。）

（1）52 と 117

（2）78 と 104

●保護者の方へ：公約数を量としてイメージするトレーニングです。

〔　　月　　日〕

21 最小公倍数

<ruby>最小公倍数<rt>さいしょうこうばいすう</rt></ruby>

目標時間は10分

分　　秒

Q A　<ruby>次<rt>つぎ</rt></ruby>の<ruby>数<rt>かず</rt></ruby>の<ruby>最小公倍数<rt>さいしょうこうばいすう</rt></ruby>をそれぞれ<ruby>暗算<rt>あんざん</rt></ruby>で<ruby>求<rt>もと</rt></ruby>めなさい。
　　（わからない<ruby>場合<rt>ばあい</rt></ruby>は，それぞれの<ruby>倍数<rt>ばいすう</rt></ruby>をかき<ruby>出<rt>だ</rt></ruby>して<ruby>考<rt>かんが</rt></ruas>えなさ
　　い。）

（1）12 と 42

（2）20 と 30

（3）25 と 60

（4）24 と 60

Q B　<ruby>次<rt>つぎ</rt></ruby>の<ruby>数<rt>かず</rt></ruby>の<ruby>最小公倍数<rt>さいしょうこうばいすう</rt></ruby>をそれぞれ<ruby>暗算<rt>あんざん</rt></ruby>で<ruby>求<rt>もと</rt></ruby>めなさい。
　　（わからない<ruby>場合<rt>ばあい</rt></ruby>は，それぞれの<ruby>倍数<rt>ばいすう</rt></ruby>をかき<ruby>出<rt>だ</rt></ruby>して<ruby>考<rt>かんが</rt></ruby>えなさ
　　い。）

（1）18 と 24 と 32

（2）15 と 45 と 27

●保護者の方へ：倍数を量としてイメージするトレーニングです。

22 最小公倍数
<ruby>最<rt>さい</rt></ruby><ruby>小<rt>しょう</rt></ruby><ruby>公<rt>こう</rt></ruby><ruby>倍<rt>ばい</rt></ruby><ruby>数<rt>すう</rt></ruby>

〔　　月　　日〕

目標時間は10分

分　　秒

Q A 次の数の最小公倍数をそれぞれ暗算で求めなさい。
（わからない場合は，それぞれの倍数をかき出して考えなさい。）

（1）32 と 48 　　（2）36 と 72

（3）40 と 70 　　（4）40 と 90

Q B 次の数の最小公倍数をそれぞれ暗算で求めなさい。
（わからない場合は，それぞれの倍数をかき出して考えなさい。）

（1）12 と 42 と 36

（2）16 と 48 と 24

●保護者の方へ：倍数を量としてイメージするトレーニングです。

〔　　月　　日〕

23

数量感覚Ⅱ（すうりょうかんかく）　速（はや）さ

目標時間は10分

　　分　　秒

Q A　次（つぎ）の問（と）いに答（こた）えなさい。
すべて頭（あたま）の中（なか）で考（かんが）えて答（こた）えを求（もと）めなさい。図（ず）やメモをかいてはいけません。間違（まちが）えたときは，図（ず）やメモをかいて正解（せいかい）を確認（かくにん）しなさい。

（1）　太郎君（たろうくん）が分速（ふんそく）60 m（メートル）で 15 分間歩（ふんかんある）くと何m進（すす）みますか。

□ m

（2）　時速（じそく）45km（キロメートル）の自動車（じどうしゃ）で3時間走（じかんはし）ると何 km 進（すす）みますか。

□ km

（3）　秒速（びょうそく）7m で走（はし）る人は，24 秒で何m走（はし）りますか。

□ m

Q B　次（つぎ）の問（と）いに答（こた）えなさい。
すべて頭（あたま）の中（なか）で考（かんが）えて答（こた）えを求（もと）めなさい。図（ず）やメモをかいてはいけません。間違（まちが）えたときは，図（ず）やメモをかいて正解（せいかい）を確認（かくにん）しなさい。

（1）　けい子さんは，家（いえ）から学校（がっこう）までの 800m を歩（ある）くのに 16 分（ぶん）かかります。けい子さんの歩（ある）く速（はや）さは分速（ふんそく）何mですか。

分速 □ m

（2）　210km の道（みち）のりを自動車（じどうしゃ）で行（い）くと3時間（じかん）かかります。この自動車の速（はや）さは時速何 km ですか。

時速 □ km

（3）　ひろし君（くん）は，120 m 走（はし）るのに 15 秒かかります。ひろし君の走（はし）る速（はや）さは秒速（びょうそく）何mですか。

秒速 □ m

●保護者の方へ：単位時間に進む距離を量としてイメージするトレーニングです。

24

数量感覚Ⅱ **速　さ**

目標時間は10分

分　　秒

Q A　次の問いに答えなさい。

すべて頭の中で考えて答えを求めなさい。図やメモをかいてはいけません。間違えたときは，図やメモをかいて正解を確認しなさい。

（1）　家から駅までの 600m を，春子さんが分速 75m で歩くと何分かかりますか。

分

（2）　160km の道のりを，時速 80km で走る自動車で行くと何時間かかりますか。

時間

（3）　1周 200m の運動場を，次郎君が秒速 4m で走りました。次郎君が運動場を 1周するのに何秒かかりましたか。

秒

Q B　どちらが速いでしょう。速い方を答えなさい。

すべて頭の中で考えて答えを求めなさい。図やメモをかいてはいけません。間違えたときは，図やメモをかいて正解を確認しなさい。

（1）ア　1秒あたり 8m 進む車
　　　イ　1秒あたり 6m 進む車

（2）ア　1分で 12m 進む車
　　　イ　1分で 15m 進む車

（3）ア　3分で 300m 走る馬
　　　イ　2分で 250m 走る犬

（4）ア　5時間で 10km 走るカメ
　　　イ　3時間で 9km 走るウサギ

●保護者の方へ：単位時間に進む距離を量としてイメージするトレーニングです。

25 数量感覚Ⅲ
すうりょうかんかく

目標時間は10分

分　　秒

Q 次の問いに答えましょう。
なお，すべて頭の中で考えましょう。（計算もできるだけ暗算でしましょう。）
答えをまちがえた場合やわからない場合のみ，図やメモをかいて考えましょう。

（1）　ある規則にしたがって並んでいます。20番目の数はいくつですか。

3, 6, 9, 12, …

（2）　ある規則にしたがって並んでいます。22番目の数はいくつですか。

4, 9, 14, 19, …

（3）　ある規則にしたがって並んでいます。18番目の数はいくつですか。

5, 9, 13, 17, …

（4）　ある規則にしたがって並んでいます。16番目の数はいくつですか。

3, 7, 11, 15, …

●保護者の方へ：量をイメージしながら計算をするトレーニングです。

〔　月　日〕

26 数量感覚Ⅲ
すうりょうかんかく

目標時間は10分

分　　秒

Q 次の問いに答えましょう。
つぎ と こた
なお，すべて頭の中で考えましょう。（計算もできるだけ暗算でしましょう。）
あたま なか かんが けいさん あんざん
答えをまちがえた場合やわからない場合のみ，図やメモをかいて考えましょう。
こた ばあい ばあい ず かんが

（1）　ある規則にしたがって並んでいます。24番目の数はい
きそく なら ばんめ かず
　　くつですか。

　　　　　4, 10, 16, 22, …

（2）　ある規則にしたがって並んでいます。18番目の数はい
　　くつですか。

　　　　　5, 11, 17, 23, …

（3）　ある規則にしたがって並んでいます。24番目の数はい
　　くつですか。

　　　　　3, 9, 15, 21, …

（4）　ある規則にしたがって並んでいます。20番目の数はい
　　くつですか。

　　　　　4, 11, 18, 25, …

●保護者の方へ：量をイメージしながら計算をするトレーニングです。

〔　　月　　日〕

27 数のとらえ方 ⑪

■ 量をイメージしてとらえましょう。

（1）

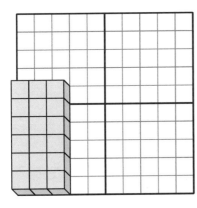

① 6 が 3 個で □

② 3 が 6 個で □

③ 18 の中に 6 は □ 個ある。

④ 18 を 6 のグループに等しく分

けると1つのグループは □ である。

⑤ 18 の中に 3 は □ 個ある。

⑥ 18 を 3 のグループに等しく分

けると1つのグループは □ である。

（2）

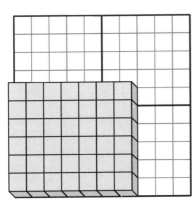

① 6 が 7 個で □

② 7 が 6 個で □

③ 42 の中に 6 は □ 個ある。

④ 42 を 6 のグループに等しく分

けると1つのグループは □ である。

⑤ 42 の中に 7 は □ 個ある。

⑥ 42 を 7 のグループに等しく分

けると1つのグループは □ である。

●保護者の方へ：数を量としてイメージするトレーニングです。

〔　　月　　日〕

28 数のとらえ方 ⑫

じっくりとりくみましょう

分　　秒

■ 量をイメージしてとらえましょう。

（1）

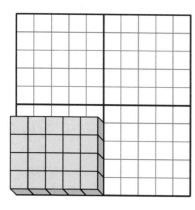

① 4 が 5 個で ☐

② 5 が 4 個で ☐

③ 20 の中に 4 は ☐ 個ある。

④ 20 を 4 のグループに等しく分けると1つのグループは ☐ である。

⑤ 20 の中に 5 は ☐ 個ある。

⑥ 20 を 5 のグループに等しく分けると1つのグループは ☐ である。

（2）

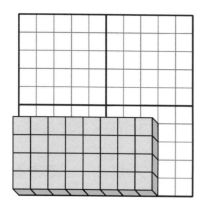

① 4 が 8 個で ☐

② 8 が 4 個で ☐

③ 32 の中に 4 は ☐ 個ある。

④ 32 を 4 のグループに等しく分けると1つのグループは ☐ である。

⑤ 32 の中に 8 は ☐ 個ある。

⑥ 32 を 8 のグループに等しく分けると1つのグループは ☐ である。

●保護者の方へ：数を量としてイメージするトレーニングです。

29 数のとらえ方 ⑬

■ 量をイメージしてとらえましょう。

（1）

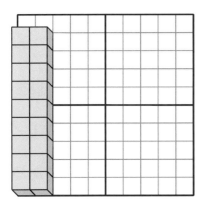

① 9 が 2 個で ☐

② 2 が 9 個で ☐

③ 18 の中に 9 は ☐ 個ある。

④ 18 を 9 のグループに等しく分

けると1つのグループは ☐ である。

⑤ 18 の中に 2 は ☐ 個ある。

⑥ 18 を 2 のグループに等しく分

けると1つのグループは ☐ である。

（2）

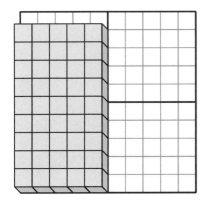

① 9 が 5 個で ☐

② 5 が 9 個で ☐

③ 45 の中に 9 は ☐ 個ある。

④ 45 を 9 のグループに等しく分

けると1つのグループは ☐ である。

⑤ 45 の中に 5 は ☐ 個ある。

⑥ 45 を 5 のグループに等しく分

けると1つのグループは ☐ である。

●保護者の方へ：数を量としてイメージするトレーニングです。

30 数のとらえ方 ⑭

■ 量をイメージしてとらえましょう。

(1)

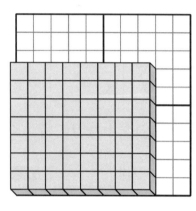

① 7 が 8 個で [　　]

② 8 が 7 個で [　　]

③ 56 の中に 7 は [　　] 個ある。

④ 56 を 7 のグループに等しく分

けると1つのグループは [　　] である。

⑤ 56 の中に 8 は [　　] 個ある。

⑥ 56 を 8 のグループに等しく分

けると1つのグループは [　　] である。

(2)

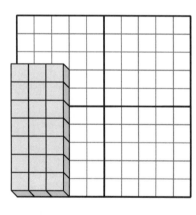

① 7 が 3 個で [　　]

② 3 が 7 個で [　　]

③ 21 の中に 7 は [　　] 個ある。

④ 21 を 7 のグループに等しく分

けると1つのグループは [　　] である。

⑤ 21 の中に 3 は [　　] 個ある。

⑥ 21 を 3 のグループに等しく分

けると1つのグループは [　　] である。

●保護者の方へ：数を量としてイメージするトレーニングです。

〔　　月　　日〕

31 分数感覚Ⅰ
ぶんすうかんかく

目標時間は10分

分　　秒

Q 次の問いに答えましょう。
つぎ　と　　　　こた

なお，すべて頭の中で考えましょう。（計算もできるだけ暗算でしましょう。）
あたま　なか　かんが　　　　　　　　けいさん　　　　　　　　　あんざん

答えをまちがえた場合やわからない場合のみ，図やメモをかいて考えましょう。
こた　　　　　　　　ば あい　　　　　　　　　　ば あい　　　　ず　　　　　　　　　　　かんが

（1）　□を分数で表すといくつですか。
ぶんすう　あらわ

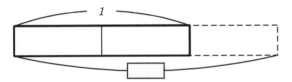

（2）　□を分数で表すといくつですか。

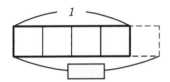

（3）　□を分数で表すといくつですか。

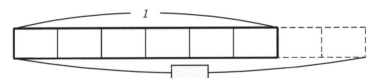

（4）　□を分数で表すといくつですか。

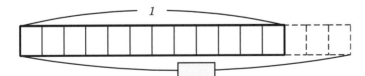

●保護者の方へ：分数をイメージでつかむトレーニングです。

〔　　月　　日〕

32 分数感覚Ⅰ

ぶんすうかんかく

目標時間は10分

分　　秒

Q 次の問いに答えましょう。
つぎ　と　　こた

なお，すべて頭の中で考えましょう。（計算もできるだけ暗算でしましょう。）
あたま　なか　かんが　　　　けいさん　　　　　　　　　　あんざん

答えをまちがえた場合やわからない場合のみ，図やメモをかいて考えましょう。
こた　　　　　　　ば あい　　　　　　　　ば あい　　　ず　　　　　　　　かんが

（1）　□□を分数で表すといくつですか。
ぶんすう　あらわ

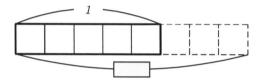

（2）　□を分数で表すといくつですか。

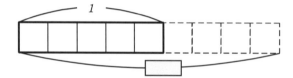

（3）　全体を分数で表すといくつですか。
ぜんたい

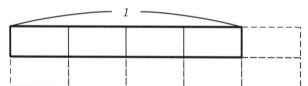

（4）　全体を分数で表すといくつですか。

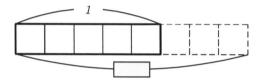

●保護者の方へ：分数をイメージでつかむトレーニングです。

〔　　月　　日〕

33 分数感覚Ⅱ

ぶんすうかんかく

目標時間は10分

分　　秒

Q 次の問いに答えましょう。
つぎ　と　　こた

なお，すべて頭の中で考えましょう。（計算もできるだけ暗算でしましょう。）
あたま　なか　かんが　　　　　　けいさん　　　　　　　　あんざん

答えをまちがえた場合やわからない場合のみ，図やメモをかいて考えましょう。
こた　　　　　　　　　ばあい　　　　　　　ばあい　　　　　ず　　　　　　　かんが

（1）下の図を3倍したらいくつになりますか。
した　ず　　ばい

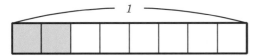

（2）下の図を2倍したらいくつになりますか。

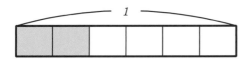

（3）下の図を2でわったらいくつになりますか。

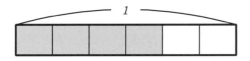

（4）下の図を2でわったらいくつになりますか。

●保護者の方へ：分数をイメージでつかむトレーニングです。

34 分数感覚Ⅱ

ぶんすうかんかく

目標時間は10分

分　　秒

Q 次の問いに答えましょう。

つぎ　と　こた

なお，すべて頭の中で考えましょう。（計算もできるだけ暗算でしましょう。）

あたま　なか　かんが　けいさん　あんざん

答えをまちがえた場合やわからない場合のみ，図やメモをかいて考えましょう。

こた　ば あい　ば あい　ず　かんが

（1）　下の図を2倍したらいくつになりますか。

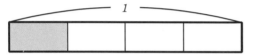

（2）　下の図を2倍したらいくつになりますか。

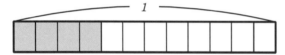

（3）　下の図を2でわったらいくつになりますか。

（4）　下の図を2でわったらいくつになりますか。

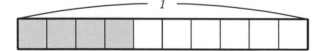

35 数量感覚Ⅰ

すうりょうかんかく

目標時間は10分

分　　秒

Q 次の問いに答えましょう。

なお，すべて頭の中で考えましょう。（計算もできるだけ暗算でしましょう。）
答えをまちがえた場合やわからない場合のみ，図やメモをかいて考えましょう。

（1）　Ａくんは，前から 13 番目で，後ろから 8 番目です。全部で何人いますか。

人

（2）　10 月 14 日から 10 月 25 日までは何日間ですか。

日間

（3）　Ａくんは，後ろから 4 番目で全体の人数は 20 人です。前からは何番目ですか。

番目

（4）　9 月 10 日は 10 月 12 日の何日前ですか。

日前

（5）　大きな木を 1 列に 19 本植え，木と木の間に小さな花を 1 本ずつ植えました。花は全部で何本植えましたか。

本

（6）　あるお肉は，100 円で 60 g 買えます。200 円では何 g 買えますか。

g

●保護者の方へ：量をイメージしながら計算をするトレーニングです。

〔　　月　　日〕

36 数量感覚Ⅰ

すうりょうかんかく

目標時間は10分

分　　秒

Q 次の問いに答えましょう。

なお，すべて頭の中で考えましょう。（計算もできるだけ暗算でしましょう。）

答えをまちがえた場合やわからない場合のみ，図やメモをかいて考えましょう。

（1）　Aくんは，前から21番目で，後ろから3番目です。全部で何人いますか。

□ 人

（2）　11月4日から11月21日までは何日間ですか。

□ 日間

（3）　Aくんは，前から9番目で全体の人数は52人です。後ろからは何番目ですか。

□ 番目

（4）　11月18日は10月21日の何日後ですか。

□ 日後

（5）　大きな木を1列に25本植え，木と木の間に小さな花を2本ずつ植えました。花は全部で何本植えましたか。

□ 本

（6）　100gあたり500円のお肉を200g買うといくらですか。

□ 円

●保護者の方へ：量をイメージしながら計算をするトレーニングです。

〔　　月　　日〕

37 数の分解

目標時間は10分

分　　秒

Q □にあてはまる数をかきましょう。

(1) 625 = □ × □ × □ × □

(2) 729 = □ × □ × □ × □ × □ × □

(3) 324 = □ × □ × □ × □ × □

(4) 405 = □ × □ × □ × □

(5) 432 = □ × □ × □ × □ × □ × □

●保護者の方へ：量をイメージしながらかけ算をするトレーニングです。

〔　　月　　日〕

38 数の分解

目標時間は10分

分　　　秒

Q （例）のように，□にあてはまる数をかきましょう。

（例）　$6 = 2 \times 3$　　　$8 = 2 \times 2 \times 2$

(1)　$84 = \boxed{} \times \boxed{} \times \boxed{} \times \boxed{}$

(2)　$124 = \boxed{} \times \boxed{} \times \boxed{}$

(3)　$125 = \boxed{} \times \boxed{} \times \boxed{}$

(4)　$88 = \boxed{} \times \boxed{} \times \boxed{} \times \boxed{}$

(5)　$92 = \boxed{} \times \boxed{} \times \boxed{}$

●保護者の方へ：量をイメージしながらかけ算をするトレーニングです。

39 最大公約数
さいだいこうやくすう

QA 次の数の最大公約数をそれぞれ暗算で求めなさい。
つぎ かず さいだいこうやくすう あんざん
（わからない場合は，それぞれの約数をかき出して考えなさ
ば あい やくすう だ かんが
い。）

（1）96 と 72 と 80

（2）72 と 54 と 63

（3）27 と 45 と 36

（4）36 と 84 と 96

QB 次の数の最大公約数をそれぞれ暗算で求めなさい。
つぎ かず さいだいこうやくすう あんざん
（わからない場合は，それぞれの約数をかき出して考えなさ
ば あい やくすう だ かんが
い。）

（1）78 と 117

（2）104 と 117

●保護者の方へ：公約数を量としてイメージするトレーニングです。

〔　　月　　日〕

40 最大公約数

さいだいこうやくすう

目標時間は10分
分　　　秒

Q A 次の数の最大公約数をそれぞれ暗算で求めなさい。
（わからない場合は，それぞれの約数をかき出して考えなさい。）

（1）96 と 48 と 60

（2）84 と 48 と 36

（3）70 と 42 と 56

（4）84 と 56 と 42

Q B 次の数の最大公約数をそれぞれ暗算で求めなさい。
（わからない場合は，それぞれの約数をかき出して考えなさい。）

（1）68 と 102

（2）68 と 136

●保護者の方へ：公約数を量としてイメージするトレーニングです。

〔　　月　　日〕

41 最小公倍数

目標時間は10分

分　　　秒

Q A 次の数の最小公倍数をそれぞれ暗算で求めなさい。
（わからない場合は，それぞれの倍数をかき出して考えなさい。）

（1）50 と 65

（2）54 と 10

（3）32 と 12

（4）36 と 10

Q B 次の数の最小公倍数をそれぞれ暗算で求めなさい。
（わからない場合は，それぞれの倍数をかき出して考えなさい。）

（1）21 と 35 と 42

（2）24 と 36 と 54

●保護者の方へ：倍数を量としてイメージするトレーニングです。

〔　　月　　日〕

42 最小公倍数

さいしょうこうばいすう

目標時間は10分

分　　秒

Q A　次の数の最小公倍数をそれぞれ暗算で求めなさい。
つぎ かず さいしょうこうばいすう あんざん もと
（わからない場合は，それぞれの倍数をかき出して考えなさ
ば あい ばいすう だ かんが
い。）

（1）42と14　　（2）68と20　

（3）80と12　　（4）84と10　

Q B　次の数の最小公倍数をそれぞれ暗算で求めなさい。
つぎ かず さいしょうこうばいすう あんざん もと
（わからない場合は，それぞれの倍数をかき出して考えなさ
ば あい ばいすう だ かんが
い。）

（1）14と28と56

（2）28と72と24

●保護者の方へ：倍数を量としてイメージするトレーニングです。

43

数量感覚Ⅱ（すうりょうかんかく）　速（はや）さ

目標時間は10分

分　　秒

QA 次（つぎ）の問（と）いに答（こた）えなさい。
すべて頭（あたま）の中（なか）で考（かんが）えて答（こた）えを求（もと）めなさい。図（ず）やメモをかいてはいけません。間違（まちが）えたときは，図（ず）やメモをかいて正解（せいかい）を確認（かくにん）しなさい。

（1）　太郎君（たろうくん）が分速（ふんそく）50m で 18 分間歩（ふんかんある）くと何m進（すす）みますか。

メートル

□ m

（2）　時速（じそく）75km の自動車（じどうしゃ）で4時間走（じかんはし）ると何 km 進（すす）みますか。

キロメートル

□ km

（3）　秒速（びょうそく）8m で走（はし）る人は，32 秒で何m走（はし）りますか。

□ m

QB 次（つぎ）の問（と）いに答（こた）えなさい。
すべて頭（あたま）の中（なか）で考（かんが）えて答（こた）えを求（もと）めなさい。図（ず）やメモをかいてはいけません。間違（まちが）えたときは，図（ず）やメモをかいて正解（せいかい）を確認（かくにん）しなさい。

（1）　けい子（こ）さんは，家（いえ）から学校（がっこう）までの 900m を歩（ある）くのに 15 分（ふん）かかります。けい子（こ）さんの歩（ある）く速（はや）さは分速（ふんそく）何mですか。

分速 □ m

（2）　320km の道（みち）のりを自動車（じどうしゃ）で行（い）くと4時間（じかん）かかります。この自動車（じどうしゃ）の速（はや）さは時速（じそく）何 km ですか。

時速 □ km

（3）　ひろし君（くん）は，150m 走（はし）るのに 25 秒かかります。ひろし君（くん）の走（はし）る速（はや）さは秒速（びょうそく）何mですか。

秒速 □ m

●保護者の方へ：単位時間に進む距離を量としてイメージするトレーニングです。

〔　月　日〕

44

数量感覚Ⅱ（すうりょうかんかく）　速さ（はや）

目標時間は10分

分　　秒

Q A　次の問いに答えなさい。

すべて頭（あたま）の中（なか）で考（かんが）えて答（こた）えを求（もと）めなさい。図（ず）やメモをかいてはいけません。間違（まちが）えたときは，図やメモをかいて正解（せいかい）を確認（かくにん）しなさい。

（1）　家から駅までの 560m を，春子さんが分速 80m で歩くと何分かかりますか。

分

（2）　300km の道のりを，時速 50km で走る自動車で行くと何時間かかりますか。

時間

（3）　1周 200m の運動場を，次郎君が秒速 5m で走りました。次郎君が運動場を1周するのに何秒かかりましたか。

秒

Q B　どちらが速い（はや）でしょう。速い方（はや ほう）を答（こた）えなさい。

すべて頭（あたま）の中（なか）で考（かんが）えて答（こた）えを求（もと）めなさい。図（ず）やメモをかいてはいけません。間違（まちが）えたときは，図（ず）やメモをかいて正解（せいかい）を確認（かくにん）しなさい。

（1）ア　1秒あたり 7m 進む車
　　　イ　1秒あたり 5m 進む車

（2）ア　4分で 300m 走る馬
　　　イ　3分で 240m 走る犬

（3）ア　4時間で 16km 走るカメ
　　　イ　5時間で 15km 走るウサギ

（4）ア　30m を6分で進むアリ
　　　イ　4分で 28m 進むコオロギ

●保護者の方へ：単位時間に進む距離を量としてイメージするトレーニングです。

〔　　月　　日〕

45 数量感覚Ⅲ
すうりょうかんかく

目標時間は10分

分　　　秒

Q 次の問いに答えましょう。
つぎ　と　　こた

なお，すべて頭の中で考えましょう。（計算もできるだけ暗算でしましょう。）
あたま　なか　かんが　　　　　　　けいさん　　　　　　　あんざん

答えをまちがえた場合やわからない場合のみ，図やメモをかいて考えましょう。
こた　　　　　　　ばあい　　　　　　　　ばあい　　　　ず　　　　　　　　　かんが

（1）　ある規則にしたがって並んでいます。16番目の数はい
きそく　　　　　　なら　　　　　　ばんめ　かず
くつですか。

5, 12, 19, 26, …

（2）　ある規則にしたがって並んでいます。18番目の数はい
くつですか。

3, 10, 17, 24, …

（3）　ある規則にしたがって並んでいます。16番目の数はい
くつですか。

6, 13, 20, 27, …

（4）　ある規則にしたがって並んでいます。14番目の数はい
くつですか。

4, 8, 12, 16, …

●保護者の方へ：量をイメージしながら計算をするトレーニングです。

46 数量感覚Ⅲ

すうりょうかんかく

Q 次の問いに答えましょう。

なお，すべて頭の中で考えましょう。（計算もできるだけ暗算でしましょう。）

答えをまちがえた場合やわからない場合のみ，図やメモをかいて考えましょう。

（1）　ある規則にしたがって並んでいます。15番目の数はいくつですか。

12, 24, 36, 48, …

（2）　ある規則にしたがって並んでいます。12番目の数はいくつですか。

14, 28, 42, 56, …

（3）　ある規則にしたがって並んでいます。22番目の数はいくつですか。

3, 6, 9, 12, …

（4）　ある規則にしたがって並んでいます。24番目の数はいくつですか。

4, 9, 14, 19, …

47 数のとらえ方 ⑮

■ 量をイメージしてとらえましょう。

（1）

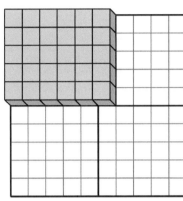

① 5 が 6 個で ☐

② 6 が 5 個で ☐

③ 30 の中に 5 は ☐ 個ある。

④ 30 を 5 のグループに等しく分

けると1つのグループは ☐ である。

⑤ 30 の中に 6 は ☐ 個ある。

⑥ 30 を 6 のグループに等しく分

けると1つのグループは ☐ である。

（2）

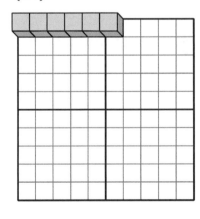

① 1 が 6 個で ☐

② 6 が 1 個で ☐

③ 6 の中に 1 は ☐ 個ある。

④ 6 を 1 のグループに等しく分

けると1つのグループは ☐ である。

⑤ 6 の中に 6 は ☐ 個ある。

⑥ 6 を 6 のグループに等しく分

けると1つのグループは ☐ である。

●保護者の方へ：数を量としてイメージするトレーニングです。

48 数のとらえ方 ⑯

■ 量をイメージしてとらえましょう。

（1）

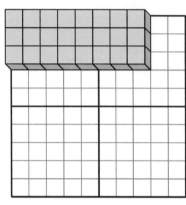

① 3 が 8 個で □

② 8 が 3 個で □

③ 24 の中に 3 は □ 個ある。

④ 24 を 3 のグループに等しく分

けると1つのグループは □ である。

⑤ 24 の中に 8 は □ 個ある。

⑥ 24 を 8 のグループに等しく分

けると1つのグループは □ である。

（2）

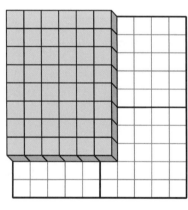

① 8 が 6 個で □

② 6 が 8 個で □

③ 48 の中に 8 は □ 個ある。

④ 48 を 8 のグループに等しく分

けると1つのグループは □ である。

⑤ 48 の中に 6 は □ 個ある。

⑥ 48 を 6 のグループに等しく分

けると1つのグループは □ である。

●保護者の方へ：数を量としてイメージするトレーニングです。

〔　　月　　日〕

49 数のとらえ方 ⑰

■ 量をイメージしてとらえましょう。

（1）

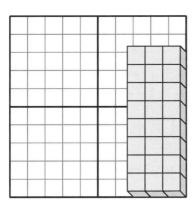

① 8 が 3 個で ☐

② 3 が 8 個で ☐

③ 24 の中に 8 は ☐ 個ある。

④ 24 を 8 のグループに等しく分けると1つのグループは ☐ である。

⑤ 24 の中に 3 は ☐ 個ある。

⑥ 24 を 3 のグループに等しく分けると1つのグループは ☐ である。

（2）

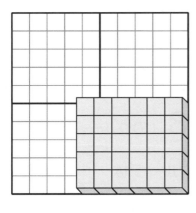

① 5 が 6 個で ☐

② 6 が 5 個で ☐

③ 30 の中に 5 は ☐ 個ある。

④ 30 を 5 のグループに等しく分けると1つのグループは ☐ である。

⑤ 30 の中に 6 は ☐ 個ある。

⑥ 30 を 6 のグループに等しく分けると1つのグループは ☐ である。

●保護者の方へ：数を量としてイメージするトレーニングです。

50 数のとらえ方⑱

■ 量をイメージしてとらえましょう。

（1）

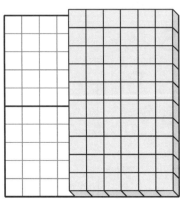

① 10 が 6 個で □

② 6 が 10 個で □

③ 60 の中に 10 は □ 個ある。

④ 60 を 10 のグループに等しく分

けると1つのグループは □ である。

⑤ 60 の中に 6 は □ 個ある。

⑥ 60 を 6 のグループに等しく分

けると1つのグループは □ である。

（2）

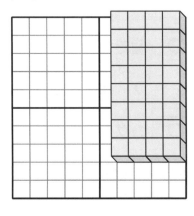

① 8 が 4 個で □

② 4 が 8 個で □

③ 32 の中に 8 は □ 個ある。

④ 32 を 8 のグループに等しく分

けると1つのグループは □ である。

⑤ 32 の中に 4 は □ 個ある。

⑥ 32 を 4 のグループに等しく分

けると1つのグループは □ である。

●保護者の方へ：数を量としてイメージするトレーニングです。

〔　　月　　日〕

51 分数感覚Ⅱ

ぶんすうかんかく

目標時間は10分

分　　　秒

Q 次の問いに答えましょう。

なお，すべて頭の中で考えましょう。（計算もできるだけ暗算でしましょう。）
答えをまちがえた場合やわからない場合のみ，図やメモをかいて考えましょう。

（1）　下の図を3倍したらいくつになりますか。

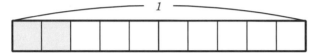

（2）　下の図を2倍したらいくつになりますか。

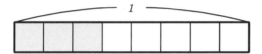

（3）　下の図を4でわったらいくつになりますか。

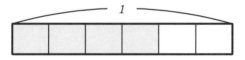

（4）　下の図を3でわったらいくつになりますか。

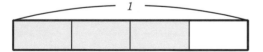

●保護者の方へ：分数をイメージでつかむトレーニングです。

〔　　月　　日〕

52 分数感覚 Ⅱ

ぶんすうかんかく

目標時間は10分

分　　秒

Ｑ 次の問いに答えましょう。
なお，すべて頭の中で考えましょう。（計算もできるだけ暗算でしましょう。）
答えをまちがえた場合やわからない場合のみ，図やメモをかいて考えましょう。

（1）下の図を3倍したらいくつになりますか。

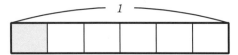

（2）下の図を3倍したらいくつになりますか。

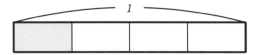

（3）下の図を3でわったらいくつになりますか。

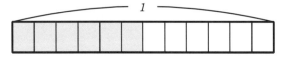

（4）下の図を3でわったらいくつになりますか。

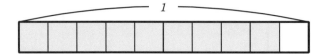

●保護者の方へ：分数をイメージでつかむトレーニングです。

53 分数感覚Ⅱ

ぶんすうかんかく

目標時間は10分

分　　　秒

Q 次の問いに答えましょう。
つぎ と こた

なお，すべて頭の中で考えましょう。（計算もできるだけ暗算でしましょう。）
あたま なか かんが けいさん あんざん

答えをまちがえた場合やわからない場合のみ，図やメモをかいて考えましょう。
こた ば あい ば あい ず かんが

（1）AはBの $\frac{4}{3}$ です。Bはいくらですか。

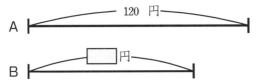

円

（2）AはBの $\frac{5}{3}$ です。Bはいくらですか。

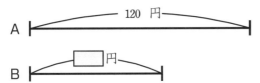

円

（3）Aは 120 円持っており，Bの $\frac{3}{2}$ です。Bはいくらですか。
えん も

円

（4）Aは 160 円持っており，Bの $\frac{4}{3}$ です。Bはいくらですか。

円

●保護者の方へ：分数をイメージでつかむトレーニングです。

54 分数感覚Ⅱ

ぶんすうかんかく

目標時間は10分

分　　秒

Q 次の問いに答えましょう。
なお，すべて頭の中で考えましょう。（計算もできるだけ暗算でしましょう。）
答えをまちがえた場合やわからない場合のみ，図やメモをかいて考えましょう。

（1）AはBの $\frac{3}{4}$ です。Aはいくらですか。

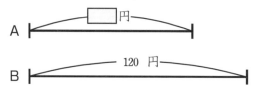

円

（2）AはBの $\frac{3}{5}$ です。Aはいくらですか。

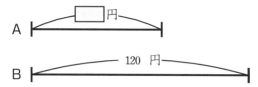

円

（3）Bは120円持っており，AはBの $\frac{2}{3}$ です。Aはいくらですか。

円

（4）Bは160円持っており，AはBの $\frac{3}{4}$ です。Aはいくらですか。

円

●保護者の方へ：分数をイメージでつかむトレーニングです。

〔　　月　　日〕

55 数量感覚Ⅰ

目標時間は10分

分　　秒

Q 次の問いに答えましょう。
　なお，すべて頭の中で考えましょう。（計算もできるだけ暗算でしましょう。）
　答えをまちがえた場合やわからない場合のみ，図やメモをかいて考えましょう。

（1）　Aくんは，前から15番目で，後ろから4番目です。全
　　　部で何人いますか。

　　　　　　　　　　　　　　　　　　　　　人

（2）　1月4日から1月18日までは何日間ですか。

　　　　　　　　　　　　　　　　　　　　　日間

（3）　Aくんは，後ろから7番目で全体の人数は54人です。
　　　前からは何番目ですか。

　　　　　　　　　　　　　　　　　　　　　番目

（4）　11月14日は12月16日の何日前ですか。

　　　　　　　　　　　　　　　　　　　　　日前

（5）　大きな木を1列に14本植え，木と木の間に小さな花を
　　　2本ずつ植えました。花は全部で何本植えましたか。

　　　　　　　　　　　　　　　　　　　　　本

（6）　あるお肉は，100円で80g買えます。200円では何g
　　　買えますか。

　　　　　　　　　　　　　　　　　　　　　g

●保護者の方へ：量をイメージしながら計算をするトレーニングです。

〔　　月　　日〕

56 数量感覚Ⅰ

目標時間は10分

分　　　秒

Q　次の問いに答えましょう。
　　なお，すべて頭の中で考えましょう。（計算もできるだけ暗算でしましょう。）
　　答えをまちがえた場合やわからない場合のみ，図やメモをかいて考えましょう。

（1）　Aくんは，前から6番目で，後ろから22番目です。全部で何人いますか。

人

（2）　2月10日から2月24日までは何日間ですか。

日間

（3）　Aくんは，前から7番目で全体の人数は75人です。後ろからは何番目ですか。

番目

（4）　1月14日は12月10日の何日後ですか。

日後

（5）　大きな木を1列に16本植え，木と木の間に小さな花を3本ずつ植えました。花は全部で何本植えましたか。

本

（6）　100gあたり300円のお肉を150g買うといくらですか。

円

●保護者の方へ：量をイメージしながら計算をするトレーニングです。

57 数の分解

Q □にあてはまる数をかきましょう。

(1)　76 = □ × □ × □

(2)　112 = □ × □ × □ × □ × □

(3)　196 = □ × □ × □ × □

(4)　225 = □ × □ × □ × □

(5)　169 = □ × □

●保護者の方へ：量をイメージしながらかけ算をするトレーニングです。

58 数の分解

かず　　　　　ぶんかい

目標時間は10分

分　　秒

Q □にあてはまる数をかきましょう。
かず

(1)　880 = | × | × | × | × | × |

(2) 1240 = | × | × | × | × |

(3) 1120 = | × | × | × | × | × | × |

(4)　760 = | × | × | × | × |

(5)　920 = | × | × | × | × |

59 最大公約数
さいだいこうやくすう

目標時間は10分

分　　秒

Q A 次の数の最大公約数をそれぞれ暗算で求めなさい。
（わからない場合は，それぞれの約数をかき出して考えなさい。）

（1）70と98と84

（2）98と84と42

（3）84と60と48

（4）96と84と72

Q B 次の数の最大公約数をそれぞれ暗算で求めなさい。
（わからない場合は，それぞれの約数をかき出して考えなさい。）

（1）68と153

（2）102と136

●保護者の方へ：公約数を量としてイメージするトレーニングです。

〔　　月　　日〕

60 最大公約数
さいだいこうやくすう

目標時間は10分

分　　秒

Q A　次の数の最大公約数をそれぞれ暗算で求めなさい。
（わからない場合は，それぞれの約数をかき出して考えなさい。）

（1）98 と 70 と 56

（2）45 と 60 と 30

（3）75 と 30 と 45

（4）75 と 45 と 60

Q B　次の数の最大公約数をそれぞれ暗算で求めなさい。
（わからない場合は，それぞれの約数をかき出して考えなさい。）

（1）102 と 153

（2）136 と 153

●保護者の方へ：公約数を量としてイメージするトレーニングです。

61 最小公倍数
さいしょうこうばいすう

目標時間は10分

分　　秒

Q A 次の数の最小公倍数をそれぞれ暗算で求めなさい。
つぎ かず さいしょうこうばいすう あんざん もと
（わからない場合は，それぞれの倍数をかき出して考えなさ
ば あい ばいすう だ かんが
い。）

（1）42と12 　　（2）84と10

（3）48と16 　　（4）54と60

Q B 次の数の最小公倍数をそれぞれ暗算で求めなさい。
つぎ かず さいしょうこうばいすう あんざん もと
（わからない場合は，それぞれの倍数をかき出して考えなさ
ば あい ばいすう だ かんが
い。）

（1）18と54と36 　　（2）34と51と68

●保護者の方へ：倍数を量としてイメージするトレーニングです。

〔　　月　　日〕

62 最小公倍数
さいしょうこうばいすう

目標時間は10分

分　　秒

Q A　次の数の最小公倍数をそれぞれ暗算で求めなさい。
つぎ　かず　さいしょうこうばいすう　　　　　　　　　　あんざん　もと
（わからない場合は，それぞれの倍数をかき出して考えなさ
ばあい　　　　　　　　　　　　ばいすう　　だ　　　　かんが
い。）

（1）32 と 48 と 18

（2）21 と 36 と 14

（3）21 と 36 と 45

（4）12 と 54 と 27

Q B　次の数の最小公倍数をそれぞれ暗算で求めなさい。
つぎ　かず　さいしょうこうばいすう　　　　　　　　　　あんざん　もと
（わからない場合は，それぞれの倍数をかき出して考えなさ
ばあい　　　　　　　　　　　　ばいすう　　だ　　　　かんが
い。）

（1）12 と 16 と 20 と 30

（2）12 と 15 と 30 と 40

●保護者の方へ：倍数を量としてイメージするトレーニングです。

63

すうりょうかんかく
数量感覚Ⅱ

はや
速　　さ

目標時間は10分

分　　　　秒

Q つぎ と こた
次の問いに答えなさい。
あたま なか かんが こた もと す まちが
すべて頭の中で考えて答えを求めなさい。図やメモをかいてはいけません。間違
せいかい かくにん
えたときは，図やメモをかいて正解を確認しなさい。

（1）　太郎君が分速 75 m で 12 分間歩くと何m進みますか。
メートル

□ m

（2）　じそく 60km の自動車で 4 時間走ると何 km 進みますか。
キロメートル

□ km

（3）　けい子さんは，家から学校までの 400m を歩くのに 8
分かかります。けい子さんの歩く速さは分速何mですか。

分速 □ m

（4）　200km の道のりを自動車で行くと 5 時間かかります。
この自動車の速さは時速何 km ですか。

時速 □ km

（5）　家から駅までの 900m を，春子さんが分速 60m で歩
くと何分かかりますか。

□ 分

（6）　240km の道のりを，時速 80km で走る自動車で行くと
何時間かかりますか。

□ 時間

●保護者の方へ：単位時間に進む距離を量としてイメージするトレーニングです。

64

数量感覚Ⅱ　速　さ

Q A　600mはなれたA地とB地の間を，兄は分速70mの速さでA地から，弟は分速50mの速さでB地から，同時に向かい合って出発しました。次の表を完成させて，後の問いに答えなさい。その他は，すべて頭の中で考えて答えを求めなさい。図やメモをかいてはいけません。間違えたときは，図やメモをかいて正解を確認しなさい。

時間	0分後	1分後	2分後	3分後	4分後	5分後
兄が進んだ距離						
弟が進んだ距離						
2人の間の距離						

（1）　2人が出発してから2分後の2人の間の距離は何mですか。 □ m

（2）　2人が出会うのは出発してから何分後ですか。 □ 分後

Q B　160m先を分速60mの速さで歩く妹を，姉が分速80mの速さで追いかけました。次の表を完成させて，後の問いに答えなさい。その他は，すべて頭の中で考えて答えを求めなさい。図やメモをかいてはいけません。間違えたときは，図やメモをかいて正解を確認しなさい。

時間	0分後	1分後	2分後	3分後	4分後	5分後	6分後	7分後	8分後
姉が進んだ距離									
妹が進んだ距離									
2人の間の距離									

（1）　姉が追いかけ始めてから3分後の2人の間の距離は何mですか。 □ m

（2）　姉が妹に追いつくのは，姉が追いかけ始めてから何分後ですか。 □ 分後

●保護者の方へ：単位時間に進む距離を量としてイメージするトレーニングです。

65 数量感覚Ⅲ

すうりょうかんかく

目標時間は10分

分　　秒

Q 次の問いに答えましょう。
なお，すべて頭の中で考えましょう。（計算もできるだけ暗算でしましょう。）
答えをまちがえた場合やわからない場合のみ，図やメモをかいて考えましょう。

（1）　ある規則にしたがって並んでいます。22番目の数はいくつですか。

5, 9, 13, 17, …

（2）　ある規則にしたがって並んでいます。20番目の数はいくつですか。

4, 10, 16, 22, …

（3）　ある規則にしたがって並んでいます。22番目の数はいくつですか。

3, 9, 15, 21, …

（4）　ある規則にしたがって並んでいます。18番目の数はいくつですか。

5, 12, 19, 26, …

●保護者の方へ：量をイメージしながら計算をするトレーニングです。

66 数量感覚Ⅲ

Q 次の問いに答えましょう。
なお，すべて頭の中で考えましょう。（計算もできるだけ暗算でしましょう。）
答えをまちがえた場合やわからない場合のみ，図やメモをかいて考えましょう。

（1）　ある規則にしたがって並んでいます。14番目の数はいくつですか。

　　　　　6，13，20，27，…

（2）　ある規則にしたがって並んでいます。12番目の数はいくつですか。

　　　　　12，24，36，48，…

（3）　ある規則にしたがって並んでいます。22番目の数はいくつですか。

　　　　　3，7，11，15，…

（4）　ある規則にしたがって並んでいます。16番目の数はいくつですか。

　　　　　5，11，17，23，…

●保護者の方へ：量をイメージしながら計算をするトレーニングです。

数量感覚
上　級　**パズル道場検定Ａ**

1 次の問いに答えましょう。

なお，すべて頭の中で考えましょう。（計算もできるだけ暗算でしましょう。）

答えをまちがえた場合やわからない場合のみ，図やメモをかいて考えましょう。

（1）　下の図を2倍したらいくつになりますか。仮分数で答えなさい。

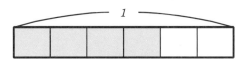

（2）　下の図を2倍したらいくつになりますか。仮分数で答えなさい。

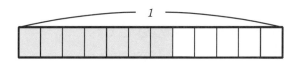

2 次の問いに答えましょう。

なお，すべて頭の中で考えましょう。（計算もできるだけ暗算でしましょう。）

答えをまちがえた場合やわからない場合のみ，図やメモをかいて考えましょう。

（1）　ＢはＡの $\dfrac{5}{3}$，ＡはＣの $\dfrac{3}{4}$ である。Ｂは1000円持っているとすると，Ｃはいくら持っていますか。

　　　円

（2）　ＢはＡの $\dfrac{5}{2}$，ＡはＣの $\dfrac{2}{3}$ である。Ｂは1000円持っているとすると，Ｃはいくら持っていますか。

　　　円

3 次の数の最大公約数をそれぞれ暗算で求めなさい。
（わからない場合は，それぞれの約数を書き出して考えなさい。）

（1）90 と 45 と 60

（2）90 と 30 と 75

4 次の数の最大公約数をそれぞれ暗算で求めなさい。
（わからない場合は，それぞれの約数を書き出して考えなさい。）

（1）76 と 114

（2）76 と 152

5 次の数の最小公倍数をそれぞれ暗算で求めなさい。
（わからない場合は，それぞれの倍数を書き出して考えなさい。）

（1）16 と 12 と 28

（2）18 と 21 と 36

6 次の数の最小公倍数をそれぞれ暗算で求めなさい。
（わからない場合は，それぞれの倍数を書き出して考えなさい。）

（1）18 と 24 と 36 と 90

（2）16 と 18 と 24 と 60

数量感覚 上級　パズル道場検定B

1 次の問いに答えましょう。

なお，すべて頭の中で考えましょう。（計算もできるだけ暗算でしましょう。）

答えをまちがえた場合やわからない場合のみ，図やメモをかいて考えましょう。

（1）　ある規則にしたがって並んでいます。24番目の数はいくつですか。

4，11，18，25，…

（2）　ある規則にしたがって並んでいます。22番目の数はいくつですか。

3，10，17，24，…

2 妹が家を出発し，分速75mの速さで駅に向かって歩き始めました。妹が出発してから4分後に姉が家を出発して，分速125mの速さで妹を追いかけました。次の表を完成させて，後の問いに答えなさい。（その他は，すべて頭の中で考えて答えを求めなさい。図やメモをかいてはいけません。間違えたときは，図やメモをかいて正解を確認しなさい。）

時　　　間	0分後	1分後	2分後	3分後	4分後	5分後	……	9分後	10分後
妹が進んだ距離							……		
姉が進んだ距離							……		
2人の間の距離							……		

（1）　姉が家を出発するとき，2人の間の距離は何mですか。

m

（2）　姉が妹に追いつくのは，妹が家を出発してから何分後ですか。

分後

3 次の問いに答えましょう。
なお，すべて頭の中で考えましょう。（計算もできるだけ暗算でしましょう。）
答えをまちがえた場合やわからない場合のみ，図やメモをかいて考えましょう。

(1) 9月12日は5月21日の何日後ですか。

☐ 日後

(2) 6月30日は11月30日の何日前ですか。

☐ 日前

(3) 7月21日から11月8日は全部で何日間ですか。

☐ 日間

(4) 7月28日は4月16日の何日後ですか。

☐ 日後

(5) 5月7日は10月10日の何日前ですか。

☐ 日前

(6) 9月23日から12月31日は全部で何日間ですか。

☐ 日間

3 （1）① 50　　② 50　　③ 10　　④ 10　　⑤ 5　　⑥ 5
　　 （2）① 80　　② 80　　③ 10　　④ 10　　⑤ 8　　⑥ 8

4 （1）① 90　　② 90　　③ 10　　④ 10　　⑤ 9　　⑥ 9
　　 （2）① 30　　② 30　　③ 10　　④ 10　　⑤ 3　　⑥ 3

5 （1）① 40　　② 40　　③ 10　　④ 10　　⑤ 4　　⑥ 4
　　 （2）① 60　　② 60　　③ 10　　④ 10　　⑤ 6　　⑥ 6

6 （1）① 70　　② 70　　③ 10　　④ 10　　⑤ 7　　⑥ 7
　　 （2）① 20　　② 20　　③ 10　　④ 10　　⑤ 2　　⑥ 2

7 （1）① 20　　② 20　　③ 4　　④ 4　　⑤ 5　　⑥ 5
　　 （2）① 30　　② 30　　③ 6　　④ 6　　⑤ 5　　⑥ 5

8 （1）① 40　　② 40　　③ 8　　④ 8　　⑤ 5　　⑥ 5
　　 （2）① 15　　② 15　　③ 3　　④ 3　　⑤ 5　　⑥ 5

9 （1）① 10　　② 10　　③ 2　　④ 2　　⑤ 5　　⑥ 5
　　 （2）① 35　　② 35　　③ 7　　④ 7　　⑤ 5　　⑥ 5

10 （1）① 45　　② 45　　③ 9　　④ 9　　⑤ 5　　⑥ 5
　　（2）① 5　　② 5　　③ 1　　④ 1　　⑤ 5　　⑥ 5

11 （1）$\dfrac{5}{4}$　　（2）$\dfrac{3}{2}$　　（3）$\dfrac{5}{3}$　　（4）$\dfrac{4}{3}$

12 （1）$\dfrac{3}{2}$　　（2）$\dfrac{5}{2}$　　（3）$\dfrac{4}{3}$　　（4）$\dfrac{7}{6}$

13 （1）$\dfrac{2}{3}$　　（2）$\dfrac{3}{4}$　　（3）$\dfrac{6}{5}$

14 （1）$\dfrac{7}{8}$　　（2）$\dfrac{5}{6}$　　（3）$\dfrac{4}{3}$

15 （1）13 人　　　（2）29 日間　　（3）76 番目
　　（4）30 日後　　（5）13 本　　　（6）100 円

16 （1）17 人　　　（2）13 日間　　（3）55 番目
　　（4）29 日後　　（5）46 本　　　（6）400 円

17 （1）2 × 2 × 2 × 2 × 2 × 2　　　　（2）2 × 2 × 2 × 3 × 3
　　（3）2 × 2 × 3 × 3 × 3　　　　　　（4）2 × 2 × 2 × 2 × 3 × 3
　　（5）2 × 2 × 3 × 3 × 5

18 （1）2 × 2 × 2 × 3 × 3 × 5　　　　（2）2 × 3 × 3 × 3 × 5
　　（3）3 × 3 × 3 × 3 × 3　　　　　　（4）3 × 5 × 5 × 5
　　（5）2 × 2 × 2 × 3 × 3 × 3

19 QA （1）4　　（2）4　　（3）5　　（4）6

　　QB （1）26　　（2）52

20 Ⓠ A （1）6　　（2）7　　（3）7　　（4）8

　　Ⓠ B （1）13　　（2）26

21 Ⓠ A （1）84　　（2）60　　（3）300　　（4）120

　　Ⓠ B （1）288　　（2）135

22 Ⓠ A （1）96　　（2）72　　（3）280　　（4）360

　　Ⓠ B （1）252　　（2）48

23 Ⓠ A （1）900m　　（2）135km　　（3）168m

　　Ⓠ B （1）分速50m　　（2）時速70km　　（3）秒速8 m

24 Ⓠ A （1）8分　　（2）2時間　　（3）50秒

　　Ⓠ B （1）ア　　（2）イ　　（3）イ　　（4）イ

25 （1）60　　（2）109　　（3）73　　（4）63

26 （1）142　　（2）107　　（3）141　　（4）137

27 （1）①18　　②18　　③3　　④3　　⑤6　　⑥6
　　（2）①42　　②42　　③7　　④7　　⑤6　　⑥6

28 （1）①20　　②20　　③5　　④5　　⑤4　　⑥4
　　（2）①32　　②32　　③8　　④8　　⑤4　　⑥4

29 （1）① 18　② 18　③ 2　④ 2　⑤ 9　⑥ 9
　　（2）① 45　② 45　③ 5　④ 5　⑤ 9　⑥ 9

30 （1）① 56　② 56　③ 8　④ 8　⑤ 7　⑥ 7
　　（2）① 21　② 21　③ 3　④ 3　⑤ 7　⑥ 7

31 （1）$\dfrac{3}{2}$　（2）$\dfrac{5}{4}$　（3）$\dfrac{4}{3}$　（4）$\dfrac{5}{4}$

32 （1）$\dfrac{8}{5}$　（2）$\dfrac{9}{5}$　（3）$\dfrac{5}{2}$　（4）$\dfrac{7}{3}$

33 （1）$\dfrac{3}{4}$　（2）$\dfrac{2}{3}$　（3）$\dfrac{1}{3}$　（4）$\dfrac{1}{4}$

34 （1）$\dfrac{1}{2}$　（2）$\dfrac{2}{3}$　（3）$\dfrac{1}{6}$　（4）$\dfrac{1}{5}$

35 （1）20人　（2）12日間　（3）17番目
　　（4）32日前　（5）18本　（6）120g

36 （1）23人　（2）18日間　（3）44番目
　　（4）28日後　（5）48本　（6）1000円

37 （1）5×5×5×5　（2）3×3×3×3×3×3
　　（3）2×2×3×3×3×3　（4）3×3×3×3×5
　　（5）2×2×2×2×3×3×3

38 （1）2×2×3×7　（2）2×2×31　（3）5×5×5
　　（4）2×2×2×11　（5）2×2×23

39 **Q**A （1）8　　（2）9　　（3）9　　（4）12

　　QB （1）39　　（2）13

40 **Q**A （1）12　　（2）12　　（3）14　　（4）14

　　QB （1）34　　（2）68

41 **Q**A （1）650　　（2）270　　（3）96　　（4）180

　　QB （1）210　　（2）216

42 **Q**A （1）42　　（2）340　　（3）240　　（4）420

　　QB （1）56　　（2）504

43 **Q**A （1）900m　　（2）300km　　（3）256m

　　QB （1）分速60m　　（2）時速80km　　（3）秒速6m

44 **Q**A （1）7分　　（2）6時間　　（3）40秒

　　QB （1）ア　　（2）イ　　（3）ア　　（4）イ

45 （1）110　　（2）122　　（3）111　　（4）56

46 （1）180　　（2）168　　（3）66　　（4）119

47 （1）①30　　②30　　③6　　④6　　⑤5　　⑥5
　　（2）①6　　②6　　③6　　④6　　⑤1　　⑥1

48 （1）① 24　② 24　③ 8　④ 8　⑤ 3　⑥ 3
　　（2）① 48　② 48　③ 6　④ 6　⑤ 8　⑥ 8

49 （1）① 24　② 24　③ 3　④ 3　⑤ 8　⑥ 8
　　（2）① 30　② 30　③ 6　④ 6　⑤ 5　⑥ 5

50 （1）① 60　② 60　③ 6　④ 6　⑤ 10　⑥ 10
　　（2）① 32　② 32　③ 4　④ 4　⑤ 8　⑥ 8

51 （1）$\dfrac{3}{5}$　（2）$\dfrac{3}{4}$　（3）$\dfrac{1}{6}$　（4）$\dfrac{1}{4}$

52 （1）$\dfrac{1}{2}$　（2）$\dfrac{3}{4}$　（3）$\dfrac{1}{6}$　（4）$\dfrac{3}{10}$

53 （1）90 円　（2）72 円　（3）80 円　（4）120 円

54 （1）90 円　（2）72 円　（3）80 円　（4）120 円

55 （1）18 人　（2）15 日間　（3）48 番目
　　（4）32 日前　（5）26 本　（6）160g

56 （1）27 人　（2）15 日間　（3）69 番目
　　（4）35 日後　（5）45 本　（6）450 円

57 （1）$2 \times 2 \times 19$　（2）$2 \times 2 \times 2 \times 2 \times 7$　（3）$2 \times 2 \times 7 \times 7$
　　（4）$3 \times 3 \times 5 \times 5$　（5）13×13

58 (1)$2 \times 2 \times 2 \times 2 \times 5 \times 11$ 　　　(2)$2 \times 2 \times 2 \times 5 \times 31$
　　(3)$2 \times 2 \times 2 \times 2 \times 2 \times 5 \times 7$ 　(4)$2 \times 2 \times 2 \times 5 \times 19$
　　(5)$2 \times 2 \times 2 \times 5 \times 23$

59 **Q**A　(1)14　　(2)14　　(3)12　　(4)12

　　QB　(1)17　　(2)34

60 **Q**A　(1)14　　(2)15　　(3)15　　(4)15

　　QB　(1)51　　(2)17

61 **Q**A　(1)84　　(2)420　　(3)48　　(4)540

　　QB　(1)108　　(2)204

62 **Q**A　(1)288　　(2)252　　(3)1260　　(4)108

　　QB　(1)240　　(2)120

63 (1)900m　　　　(2)240km　　　(3)分速50m
　　(4)時速40km　　(5)15分　　　(6)3時間

64 **Q**A　(1)360m　　(2)5分後

　　QB　(1)100m　　(2)8分後

65 (1)89　　(2)118　　(3)129　　(4)124

66 (1)97　　(2)144　　(3)87　　(4)95

パズル道場検定 A

1 （1）$\frac{4}{3}$　（2）$\frac{7}{6}$

2 （1）800 円　（2）600 円

3 （1）15　（2）15

4 （1）38　（2）76

5 （1）336　（2）252

6 （1）360　（2）720

パズル道場検定 B

1 （1）165　（2）150

2 （1）300m　（2）10 分後

3 （1）114 日後　（2）153 日前　（3）111 日間
（4）103 日後　（5）156 日前　（6）100 日間

「パズル道場検定」が時間内でできたときは,次ページの天才脳ドリル数量感覚上級「認定証」を授与します。おめでとうございます。

☆20

認定証

数量感覚 上級

_____ 殿

あなたはパズル道場検定におい
て、数量感覚コースの上級に合
格しました。ここにその努力を
たたえ認定証を授与します。

年　月
パズル道場
山下善徳・橋本龍吾